电子科技系列科普绘本

你知道与
不知道的
计算机

赵 轲 著

电子科技大学出版社

University of Electronic Science and Technology of China Press

成都

AR读本这样用

1 用手机或平板扫描上方二维码，下载"云观博"APP。

2 选择社教中的"电子科技博物馆"AR社教读本，点击AR功能。

3 扫描有 （小眼睛图标）的页面。

4 看图片、听语音、玩转3D还有精彩视频，让你全方位了解这件了不起的发明。

姓名：图灵
身份：神秘而博学的天才科学家，
　　　计算机科学之父，人工智能之父

姓名：小科
身份：6岁的小男孩，喜欢电子科技产品
性格：充满好奇，喜欢探索和提问

小科在电子科技博物馆偶遇了一个神秘人，他介绍自己是图灵，对电子计算机无所不知。小科好奇地跟着他来到了神奇的计算机世界。

　　电子计算机，是20世纪最先进的科技发明之一，对人类的生产活动产生了巨大的影响。它一开始应用于军事科研，后来扩展到社会的各个领域，形成了规模巨大的电子计算机产业，带动了全球范围的技术进步，也给社会带来了巨大的革新。

人们是如何计算的？

想一想

在电子计算机被发明之前，人们是如何计算的呢？

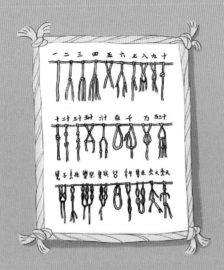

我国古代最早的计数方法是结绳计数。

商代出现的甲骨文，是最早的比较成熟和完备的文字系统，里面便有十进制的计数体系。

我国在春秋时期就出现了计算工具——算筹，并有了算筹计数法。

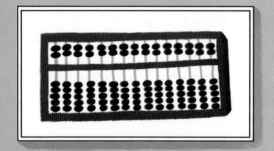

东汉时期，出现了一种手工计算工具——算盘，是利用拨弄算珠和固定的口诀方法来共同处理数据，被誉为"世界上最古老的计算机"。

纳皮尔

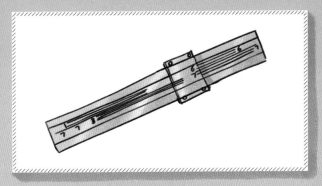
对数计算尺

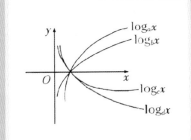
对数函数图

1614年，英国数学家纳皮尔提出了对数概念。不久以后，甘特与奥却德先后创制了对数尺度及原始形式的对数计算尺。这是最早的模拟计算工具，它是根据对数原理制成，能进行乘、除、乘方、开方、三角函数及对数等的运算。

这几种计算工具，虽然为人们的计算带来便利，但是难以胜任复杂运算。

有了这些工具，我们就可以更方便地进行计算了！

机械式计算机

随着计算数值的增大，复杂而精细的计算成为人们急需攻克的难题，于是机械式计算机便出现了。

他们可都大有来头呢！

这些人又是谁呢？

1642年，法国人布莱斯·帕斯卡发明了世界上第一台机械式加减法计算机。它是利用齿轮传动原理制成的机械式计算机，通过手摇方式操作运算。

机械式加减法计算机

步进制计算机

步进制计算机

1673年，德国人莱布尼茨在帕斯卡发明的计算机基础上，发明了可以进行四则运算的机械计算机；它新增添的"步进轮"，可以连续重复做加法，是"逻辑线路"以及"计算机决策"的先驱。

差分机

分析机

1822年，英国人查尔斯·巴贝奇为了实现计算印刷全自动化，排除人为误差设计了差分机，随后又设计了最早的计算机原型——分析机，开创卡片输入程序和数据的先例。

手摇计算机

1872年美国人弗兰克·鲍德温开始创建美国的手摇计算机。

电子管计算机与晶体管计算机

电子计算机的发展经历了电子管计算机、晶体管计算机、中小集成电路计算机和（超）大规模集成电路计算机时代。

电子管

1906年，美国科学家弗雷斯特发明了真空三极管，它的出现标志着世界从此进入电子时代。

将电子管作为基本电子元器件的计算机也被称为"电子管计算机"，它最开始只用于科学、军事和财务等方面复杂而精细的计算。电子管的体积庞大，最出名的通用电子管计算机是1946年由美国政府和宾夕法尼亚大学合作开发的ENIAC，整个机器使用约18000只电子管，机房面积170平方米，约耗资40多万美元。

1947年12月23日，贝尔实验室的肖克莱、布拉顿和巴丁共同创造出了世界上第一只半导体放大器件，并将这种器件重新命名为"晶体管"，由此开辟了电子时代的新纪元。

晶体管

1955年，第一台晶体管计算机TRADIC问世了。晶体管计算机是第二代电子计算机，主要用于科学与工程计算。它不仅体积减小、寿命延长、价格降低，计算能力也实现了一次飞跃。

基尔比

罗伯特·诺伊斯

　　集成电路是将几千个晶体管元件结合到比指甲盖还小的硅片上。第三代计算机的微处理器、存储器、输入和输出设备，都使用了集成电路技术。这一时期的计算机开始使用操作系统，在中心程序的控制协调下可以同时运行许多不同的程序，大大提升了使用效率。

　　1964年4月7日，国际商业机器公司（简称IBM）发布了著名的IBM360，它的体积更小、价格更低、可靠性更高、计算速度更快。计算机从此进入集成电路时代，用途也变得多种多样，从实验室里的科学计算，到社会上的商业应用，都有了适合各自领域的计算机。

计算机是怎么变小的：PC机的出现

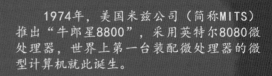

1974年，美国米兹公司（简称MITS）推出"牛郎星8800"，采用英特尔8080微处理器，世界上第一台装配微处理器的微型计算机就此诞生。

是的，随着集成电路技术的发展，计算机的体积也在继续缩小，各方面性能飞速提高，价格却不断下跌，这使得计算机走进人们生产生活的各个领域。

计算机原来还经历了这么多代的更新呀！

1977年，美国苹果公司（简称Apple）推出世界上第一台带彩色显示屏的个人计算机Apple II。

1981年，IBM推出IBM5150，并将其称为Personal Computer（个人计算机），并制作了详细的技术参考手册，因而迅速建立起一系列的行业标准，并迅速在全球范围内推广。

1983年，Apple推出第一款具有图形用户界面的个人电脑Lisa。

1985年，日本东芝公司推出T1000，第一次给人们带来"笔记本电脑"的概念。

强大的计算机系统

　　随着计算机技术的发展，人们把计算机系统分为硬件系统和软件系统两部分。硬件包括CPU、主板、存储器、机箱、电源、输入输出设备等，软件则包括系统软件和应用软件。

显示屏

主机

鼠标

键盘

中央处理器（CPU）

存储器

想一想

你知道下列这些零部件在计算机系统中分别有什么作用吗？

主板

电源

磁盘

光盘

U盘

冯·诺依曼计算机体系

输入设备

存储器

| 鼠标 | 键盘 | 扫描仪 |

计算机究竟是怎么运作的呢？让我们一起来看看冯·诺依曼体系吧！

运算器

↑

控制器

CPU

数据流

冯·诺依曼计算机体系

输出设备

| 显示器 | 打印机 | 绘图仪 |

控制流

计算机的心脏——中央处理器（CPU）

中央处理器是一块超大规模的集成电路，是一台计算机的运算核心和控制核心。

计算机的大脑——计算机存储器

存储器也叫做内存，可以存放中央处理器（CPU）中的运算数据、用于与硬盘等外部储存器交换数据的存储单元。内存的运行速度决定了计算机整体运行快慢。

想一想

你现在知道冯·诺依曼体系是什么了吗？

冯·诺依曼

尾声

在图灵的带领下，小科知道了计算机是如何出现和更新迭代，也明白了信息技术和科学技术的发展是不同时期的科学家们智慧的结晶。小科越来越期待，下一次在博物馆又会有怎么样的"奇遇"呢？